*Uwe H. Sültz*

# COMPACT CASSETTEN REPORT

**Teil 2: SAMMELN – TIPPS – KAUFBERATUNG – GESCHICHTE**

Compact Cassetten der Kaufhäuser, Elektro-Einzel-und

Großhandel, sowie der Zulieferer

BoD - Books on Demand

Norderstedt 2017

Bibliografische Information durch die Deutsche Nationalbibliothek

Die Deutsche Nationalbibliothek verzeichnet diese Publikation in der Deutschen Nationalbibliografie; detaillierte bibliografische Daten sind im Internet über http://dnb.dnb.de abrufbar.

© 2017 Uwe H. Sültz

Herstellung und Verlag:

BoD – Books on Demand, Norderstedt

ISBN 9-78374-3-19026-9

Der COMPACT-CASSETTEN-REPORT, Teil 2 „SAMMELN", befasst sich mit dem Sammeln von Kaufhaus-, Elektrogeschäft- und Zulieferer-Compact-Cassetten. Was ist zu beachten? Welche Cassetten sind wertvoll? Wo finde ich Compact Cassetten? Diese und weitere Fragen sollen geklärt werden. Der COMPACT-CASSETTEN-REPORT wird mit weiteren Themen fortgesetzt.

### GESCHICHtE:

Die ersten PHILIPS Cassetten wurden mit Schrauben und Muttern verschraubt. Alle EL 1903-01 sind nach diesem Prinzip zusammengesetzt worden, ebenso die Cassetten-Beigaben zu Recordern mit PHILIPS-Chassis vor 1966. Die erste Cassette beinhaltete ein Ferroband, auch heute werden noch neue Cassetten div. Hersteller produziert, wie zu Beginn der Ära mit Ferroband.

Die EL 1903-01 wurde am 8.1.1963 von PHILIPS vorgestellt. Sie hatte keine Löschnasen und war schwerer als nachfolgende Modelle der 1960/1970'er Jahre. Das Band kam von BASF, ein sogenanntes PES 18-Band. Die Buchstabengruppe LGS und PES weisen auf den Aufbau des Bandes hin. Bei LGS steht das L für LUVITHERM, dem vorgereckten Kunststoffträger (PVC). Die Typenbezeichnung PES deutet durch die Buchstaben PE auf Polyester als Trägerfolie hin. Typ PES 18 ist das dünnste Band. Es wurde in erster Linie für tragbare Batteriegeräte entwickelt, auf denen nur Spulen mit kleinem Durchmesser verwendet werden. Diese Geräte haben den für PES 18 notwendigen geringen Bandzug. Die Zahl hinter der Buchstabenreihe, bei PES 18 die 18, gibt die Gesamtdicke des Bandes (Träger plus Schicht) in tausendstel Millimeter an. Je dicker das Band ist, umso robuster ist es. Somit ist das PES 18-Band, das in der weltersten PHILIPS Compact Cassette von BASF geliefert wurde, nur 18 tausendstel Millimeter stark. Lou Ottens entwickelte damals den weltersten Compact Cassetten Recorder (Pocket-Recorder) PHILIPS EL 3300. Maßgeblich beteiligt im Team waren J.J.M.

Schoenmakers und Peter van Sluis (die Urkassette EL 1903, den Recorder und den Mechanismus). Parallel wurde in Wien ein Einlochsystem hergestellt. Diese Einlochkassette ist hier ebenso zu finden. Die Einlochkassette wurde nie der Öffentlichkeit vorgestellt, PHILIPS entschied sich für das Zweilochprinzip, der zukünftigen Compact Cassette. PHILIPS wollte einen internationalen Namen, also „Compact Cassetten Recorder", alles mit „C" geschrieben. Außerdem waren sich andere Hersteller nicht einig. Der erste Recorder wurde am 30.8.1963 auf der Funkausstellung vorgestellt. Der erste Verkauf war in der 42. Woche 1963. Ab November 1964 wurde der Recorder in Amerika von NORELCO vertrieben, CARRY CORDER 150. Hier legte man eine Cassette EL 1903 mit NORELCO-Aufdruck bei. 1965 stellte PHILIPS die Technologie allen zur Verfügung. Das war der Startschuss für die vielen Compact Cassetten. Die zweite PHILIPS Cassetten-Generation nannte man EL 1903-118D. Am Anfang wurden auch sie mit Schrauben und Muttern zusammengehalten. Danach mit Blechschrauben, danach geklebt. In der Übergangsphase wurden auch die für Schrauben hergestellten Gehäuse einfach geklebt. Ab 1975 wurde wieder verschraubt. Die letzten PHILIPS-Generationen gab es Ende der 1990'er Jahre.

**TIPPS:**

**-Cassetten regelmäßig umspulen**

**-Klebestellen zwischen Band und Vorspannband kontrollieren**

**-weißer Pilz schadet nicht, abwischen, umspulen, Folien säubern**

**-Neben dem Band ist auch die Gleitfolie ein Verschleißteil**

**-verklebte Gehäuse sind stabiler, lassen sich aber nicht öffnen**

-verschraubte Gehäuse nachschrauben

-nicht senkrecht stehende Bandumlenkstege verursachen Azimutfehler, dann lieber nur die Bandführungsrollen benutzen

-Andruckfedern geben nach, nachbiegen oder erneuern

-Andruckfilze werden schmutzig, können sich lösen, erneuern

-die Lackschicht, in der die Magnetpartikel eingebunden sind, ist nicht bei allen Herstellern gleich abriebfest, Köpfe, Welle, Rolle reinigen

-Laufwerk staubfrei halten

-Bandsalat entsteht durch elektrische Aufladung der Gleitfolien, durch verschlissene Gleitfolien, durch verschmutzte Andruckrolle oder Welle, durch defektes aufwickeln (Kupplung)

### Kaufberatung:

Eine große Auswahl an Compact Cassetten ist auf Verkaufsplattformen im Internet, etwa Ebay, zu finden. Stellen Sie dabei die Sucheinstellung auf WELTWEIT. Gerade in den USA und Kanada sind Kostbarkeiten zu finden. Des Weiteren sind Trödelmärkte angesagt. Hier finden Sie die günstigste Möglichkeit. Auf Verkaufsplattformen weiß der Verkäufer schon, was er da anbietet. Dann kann eine gesuchte Cassette auch schon einmal 5, 10 oder gar 100 Euro kosten. Wertvoll sind u.a. Sondercassetten, wie z.B. Cassetten zur Fußballweltmeisterschaft.

Besonders von Wert sind die ersten Compact Cassetten, die auf den Markt gebracht worden sind. Hier Beispiele:

Interessant sind auch komplette Serien. Z.B. die abgebildeten 3 Cassetten C60 aus 3 Jahrgängen von Kaufhalle in originalen Hüllen:

Und auch die Hüllen sind wichtig. Eine Compact Cassette mit originalen Schrauben, originalem Band, unbeschrifteter originaler Einleger und originaler Cassettenhülle ist von Wert. Hier ein Beispiel:

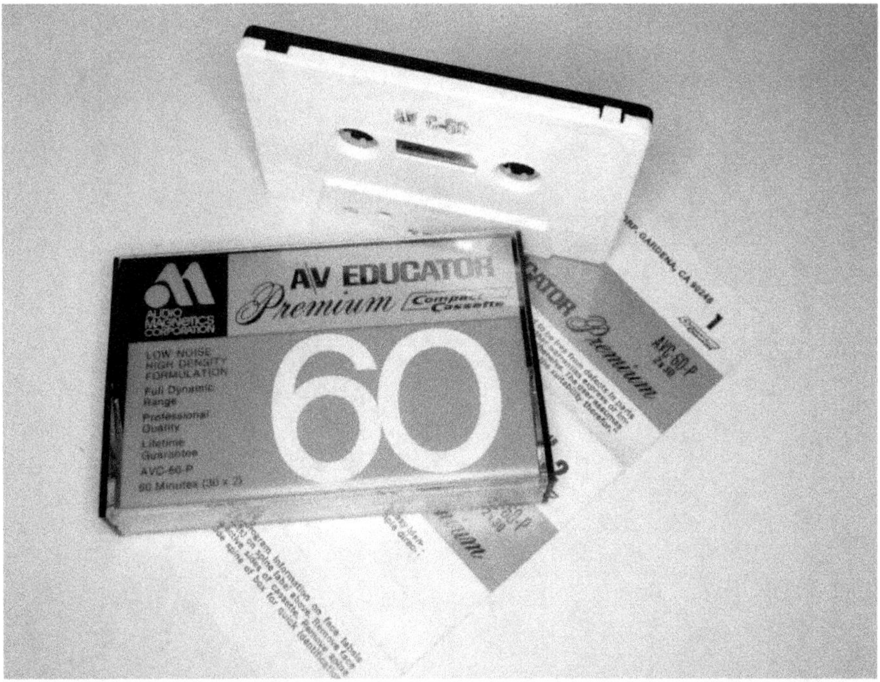
A/V EDUCATOR
Premium
Compact Cassette
AUDIO MAGNETICS CORPORATION
LOW NOISE
HIGH DENSITY
FORMULATION
Full Dynamic Range
Professional Quality
Lifetime Guarantee
AVC-60-P
60 Minutes (30 x 2)
60

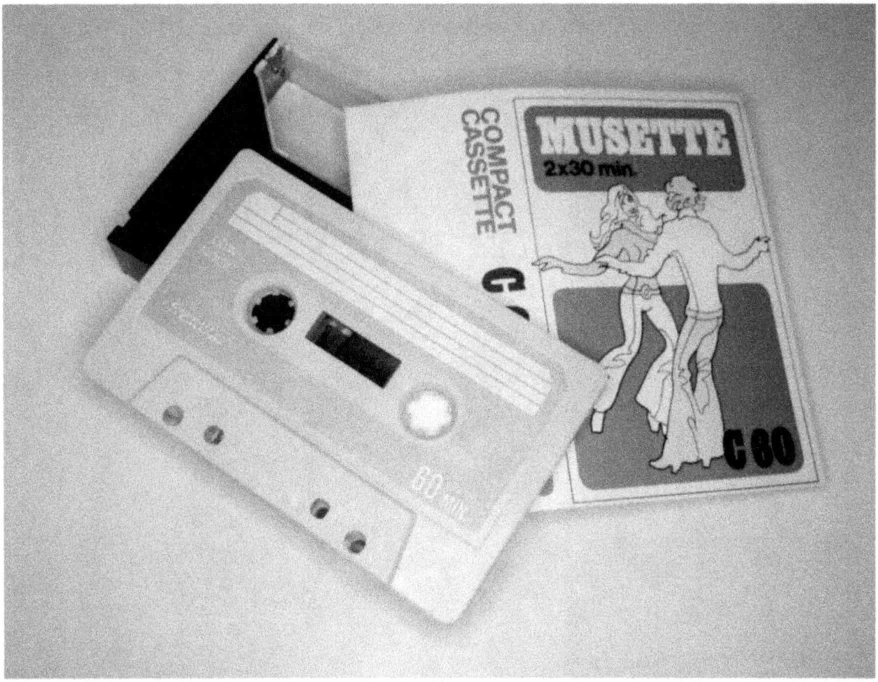
COMPACT CASSETTE
MUSETTE
2x30 min.
C 60
60 min

Erst Recht original verpackte und eingeschweißte Cassetten haben Wert:

Papphüllen stammen aus den Anfängen:

Auch das ist wichtig: Am Anfang wollten alle dabei sein. Viele Unternehmen brachten schon eine eigene Hülle auf den Markt, aber noch nicht den passenden Cassettenaufkleber. Nicht jeder konnte Cassetten herstellen. Es gab Universalcassetten in den unterschiedlichsten Einlegern.

Hier ein Beispiel für Universalcassetten:

Wer mit wem?

EXCLUSIV war die Hausmarke von WOOLWORTH

ATLAS = HERTIE

STUDIO = Bertelsmann

AUDIO MAGNETICS waren in den 1970'ern kurzzeitig die Größten Zulieferer

WONDER = Kaufring

KLASSE = Kepa, Karstadt

EXTRA = TIP = Goldhand

Teleton = Permaton = Permachrom

Fireball = Hertie

STANDARD = Waltham, Zulieferer für Kaufhäuser

ELITE = Kaufhof

Kamichi = Horten

Timeton = ACME = Travellers = Tschibo

Audio Magnetics belieferte Elite, Jürop, Dreams, Joker, Fireball...

WALTHAM lieferte für Kaufhäuser, Dreams, Standard, Fireball...

Revue = Foto Quelle


Wenn Sie eine Cassette erworben haben, überprüfen Sie zunächst die Klebestellen zwischen dem Vorspannband und dem Bandmaterial. Gerade bei geklebten und nicht geschraubten Cassetten ist das sehr wichtig!

Kontrollieren sollten Sie auch den Andruckfilz. Auch wenn er noch festsitzend aussieht, könnte er bei Benutzung abfallen. Bei Cassetten, die geschraubt sind, werden die Gleitfolien gereinigt und die Abschirmbleche, je nach Material, sowie die Chromstahlachsen, falls vorhanden, entmagnetisiert.

Meine Tests ergaben, dass manche Cassetten nicht einmal einen Frequenzgang von 8000 Hz erreichten. Einige Cassetten setzten den Tonkopf sehr schnell zu. Die Qualität einer Cassette erkennt man auch am Gewicht, je schwerer, desto besser.

Nun folgen Beispiele, natürlich gab es noch viel mehr Compact Cassetten:

ATLAS
C 90
LOW NOISE
ATLAS
1
C 90
2 x 45 Minuten

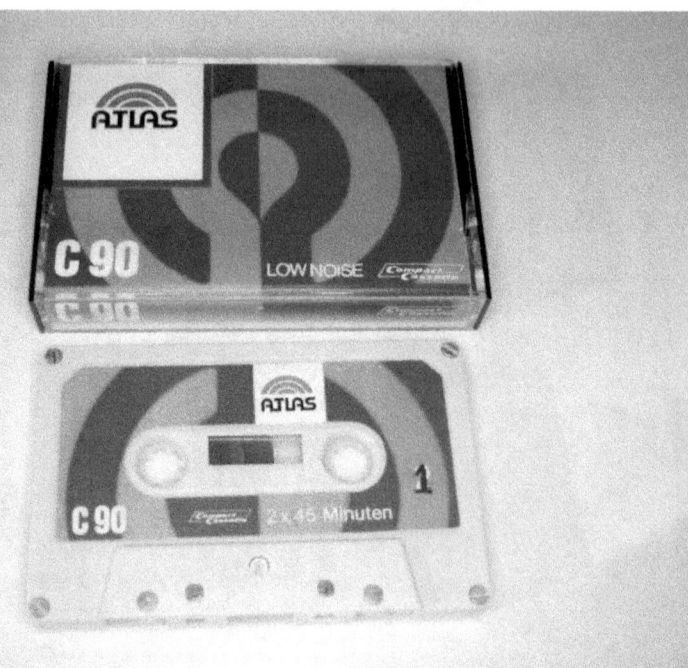

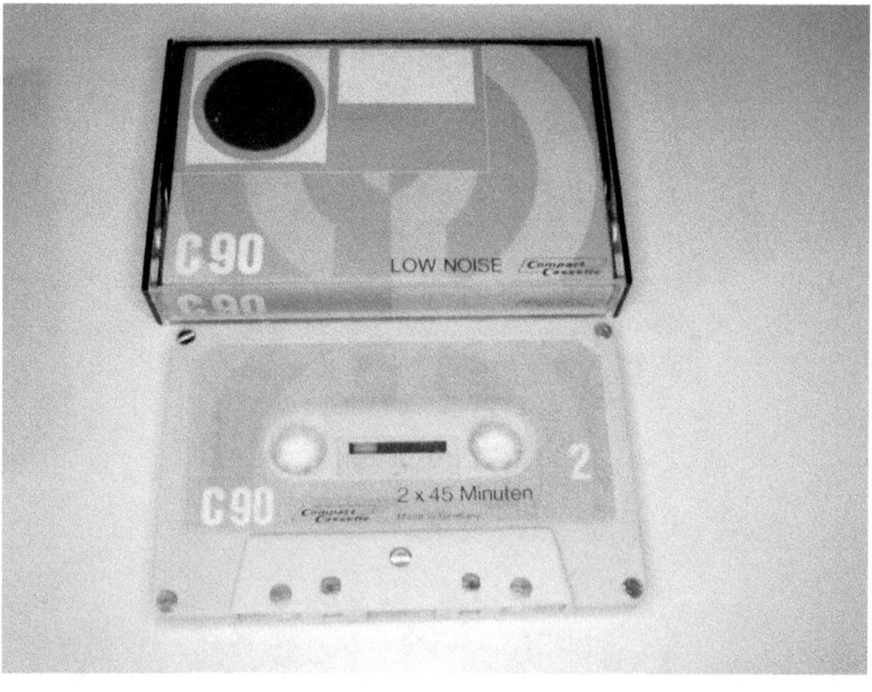
C 90
LOW NOISE
2
C 90
2 x 45 Minuten

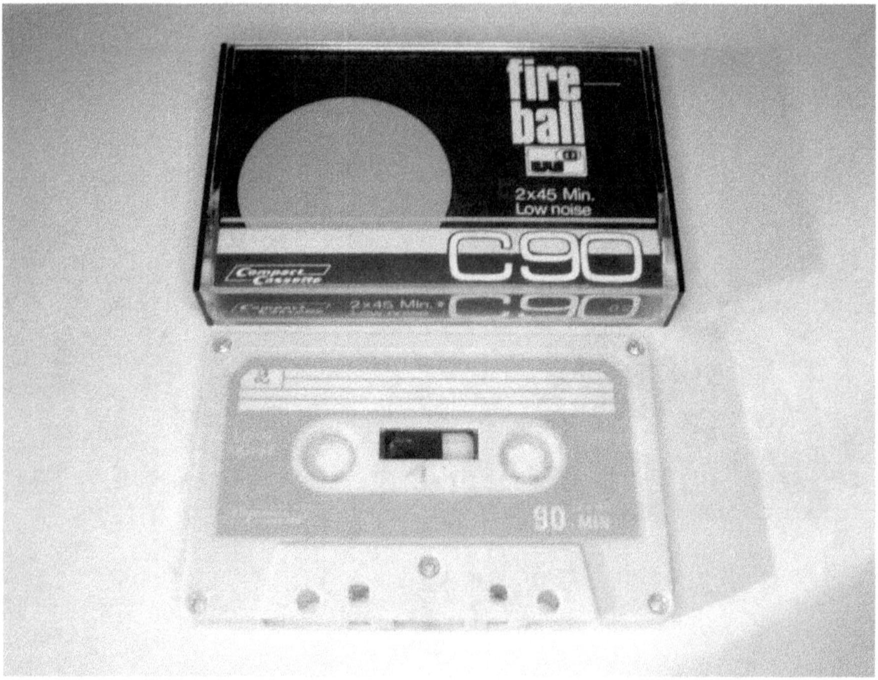
fire
ball
2x45 Min.
Low noise
C90
Compact Cassette
90 MIN

co
op
SUPER
SOUND
CHROM
HIFI unbespielt
2×45 Min.
Dortmund
C90
CHROMDIOXID
CHROM 90
2 x 45 MIN
CHROMDIOXID
Made in Germany

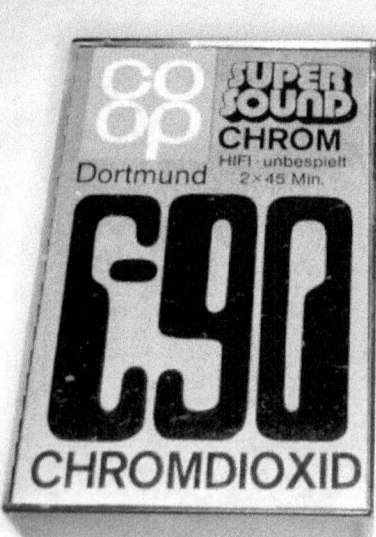

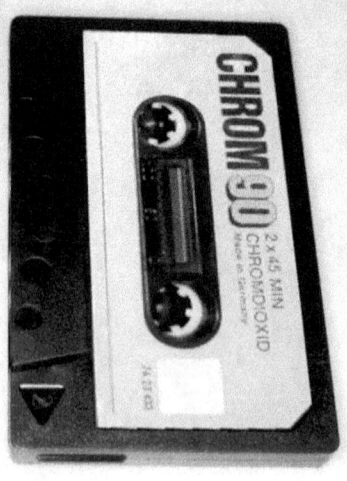

C 60
Compact Cassette
mondial
hifi low noise
hifi
low noise
mondial
Compact Cassette
C 90
hifi
low noise
mondial
Compact Cassette
C 60

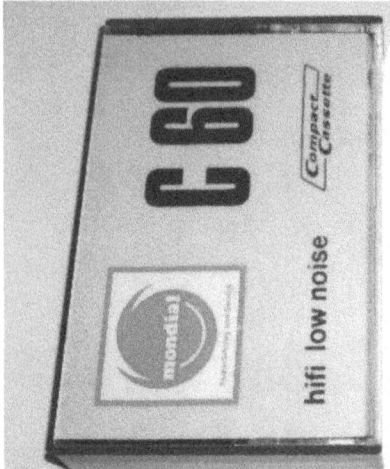

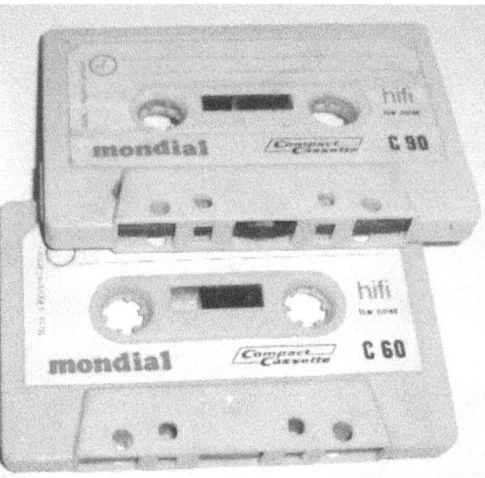

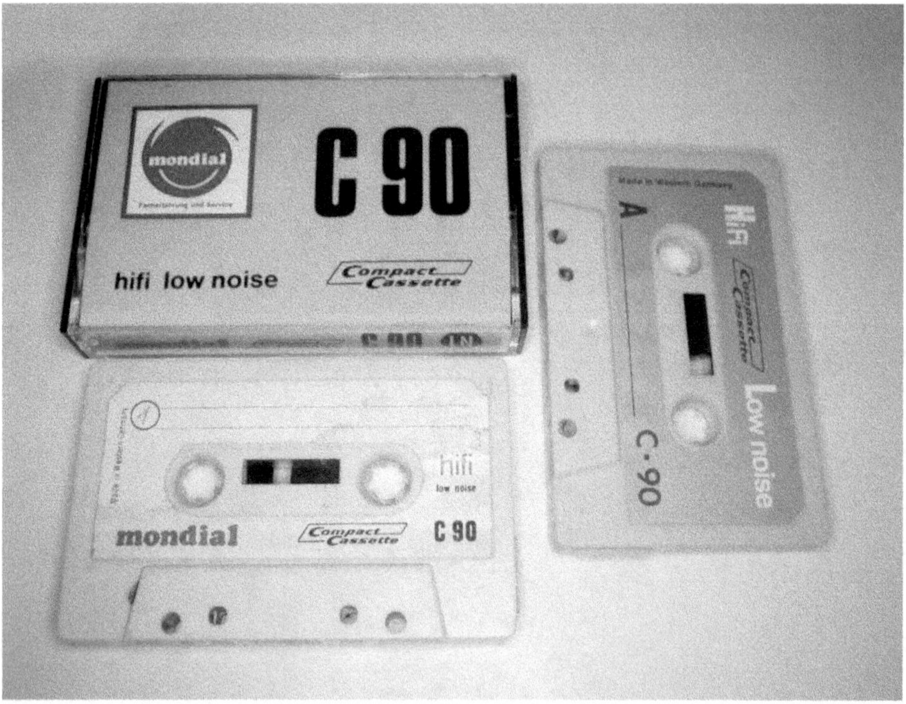
mondial
C 90
hifi low noise
Compact Cassette
Made in Western Germany
A
HiFi
Compact Cassette
Low noise
C-90
hifi
low noise
mondial
Compact Cassette
C 90

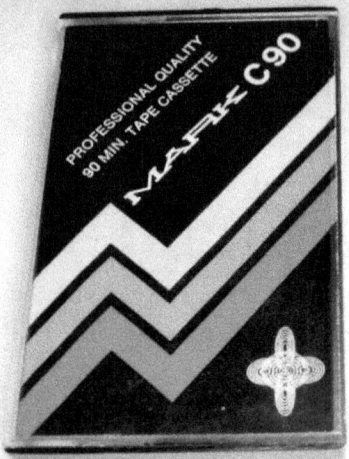
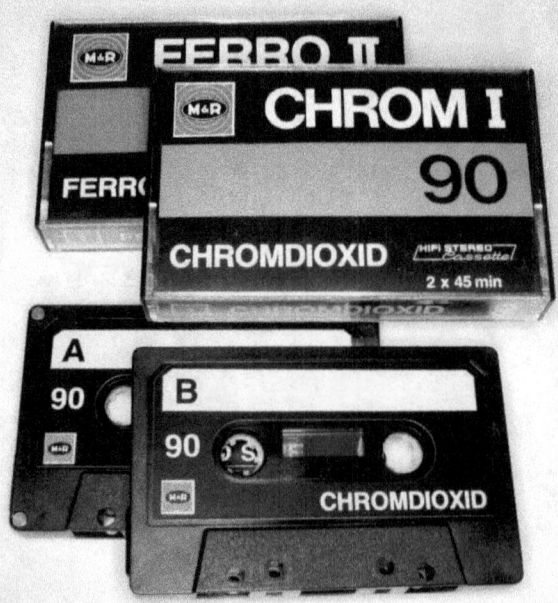

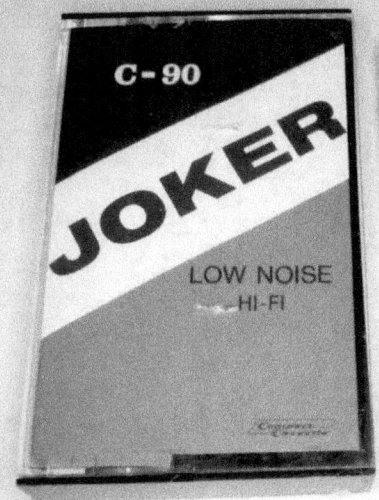

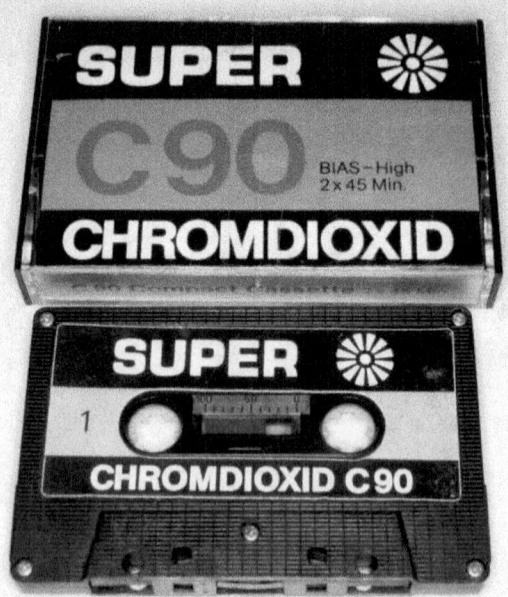

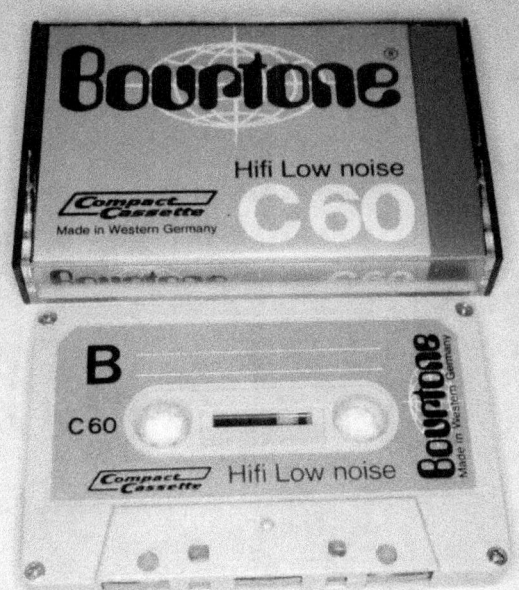

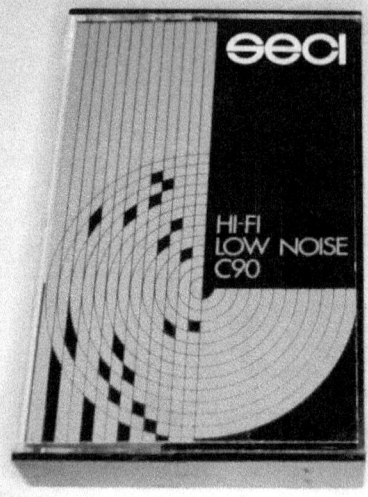

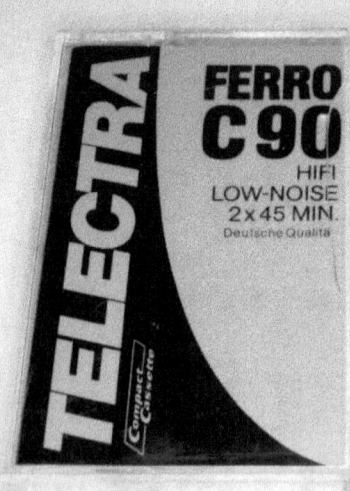

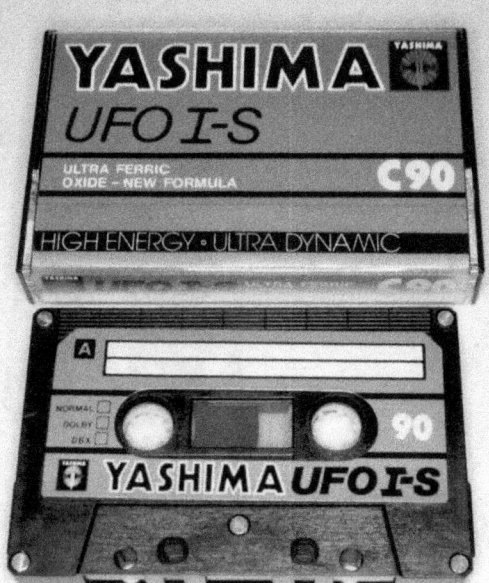

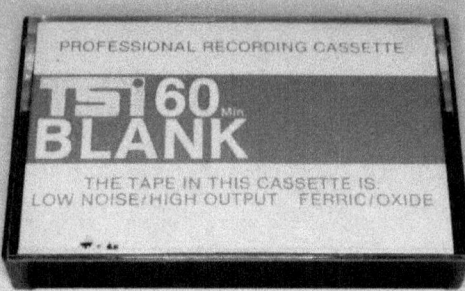

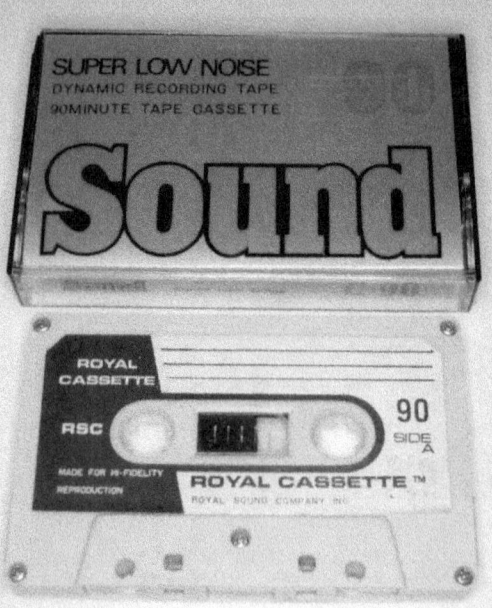

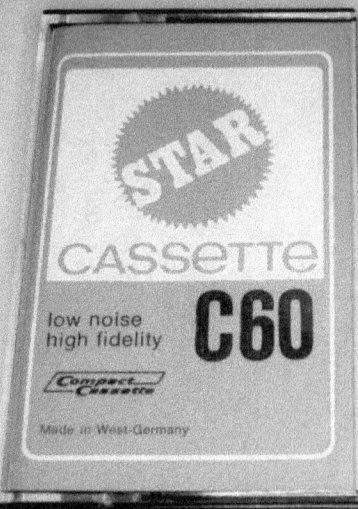

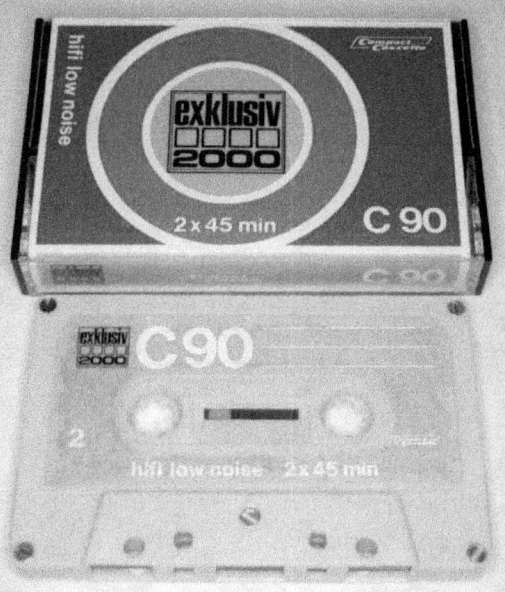

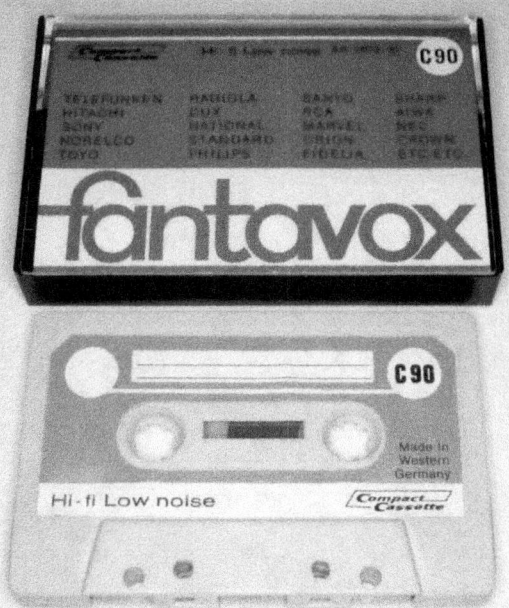

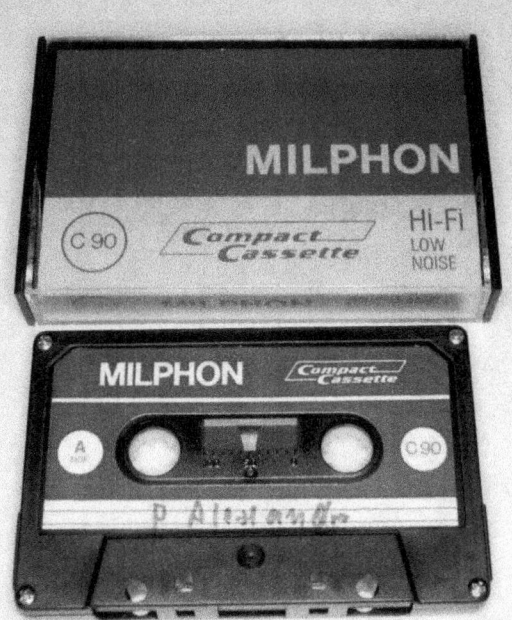

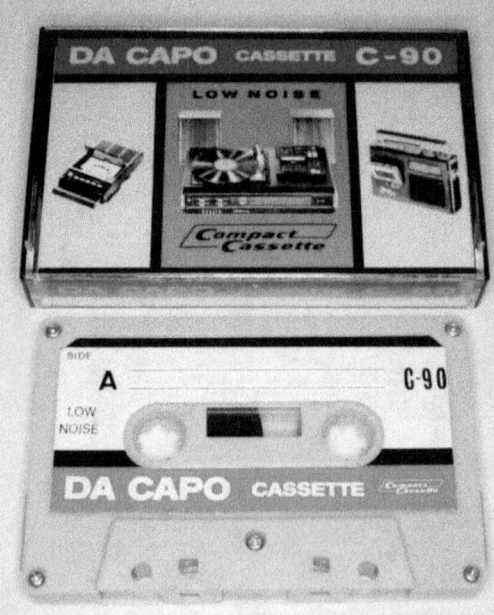

Sültz Bücher
COMBO
C60
Compact Cassette
high energy tape

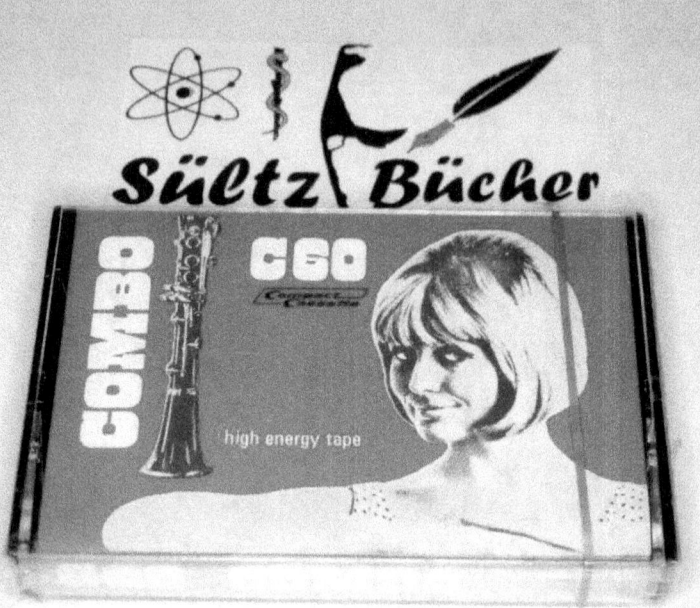

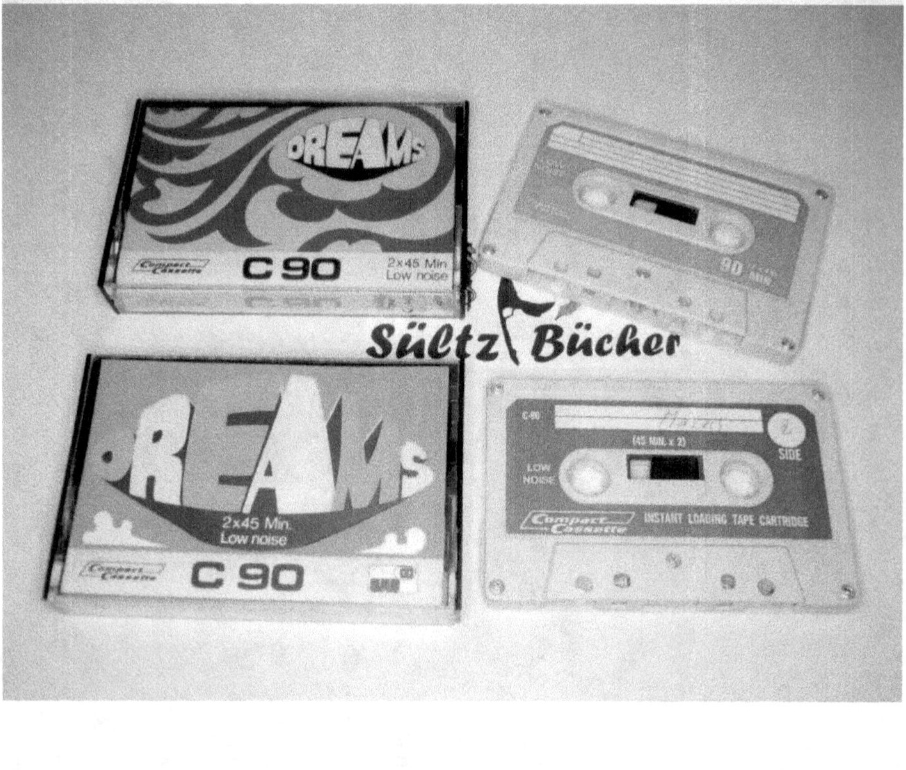
DREAMS
Compact Cassette
C 90
2x45 Min.
Low noise
Sültz Bücher
DREAMS
2x45 Min.
Low noise
Compact Cassette
C 90
C-90
(45 MIN. x 2)
SIDE
LOW NOISE
Compact Cassette
INSTANT LOADING TAPE CARTRIDGE

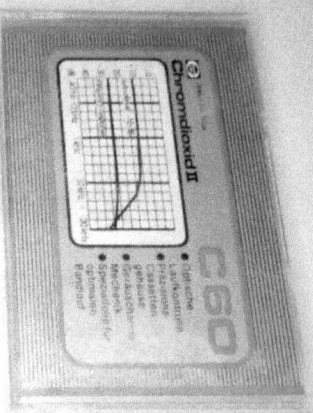
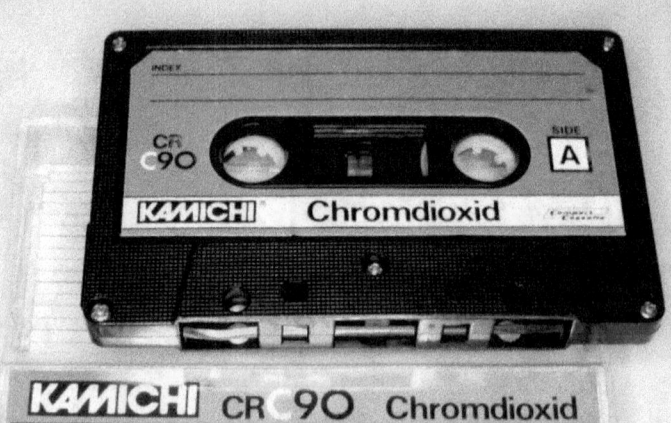

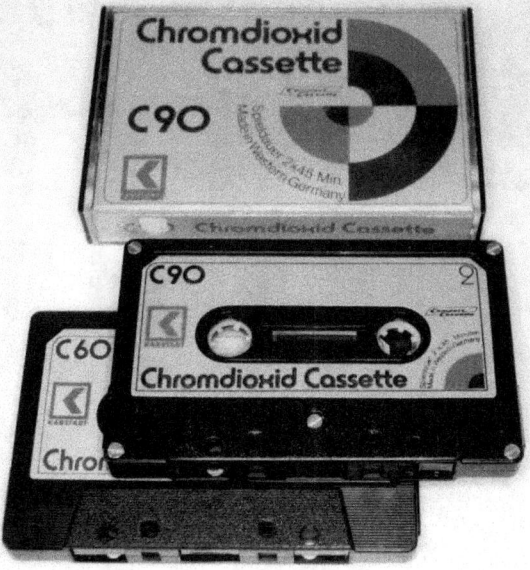

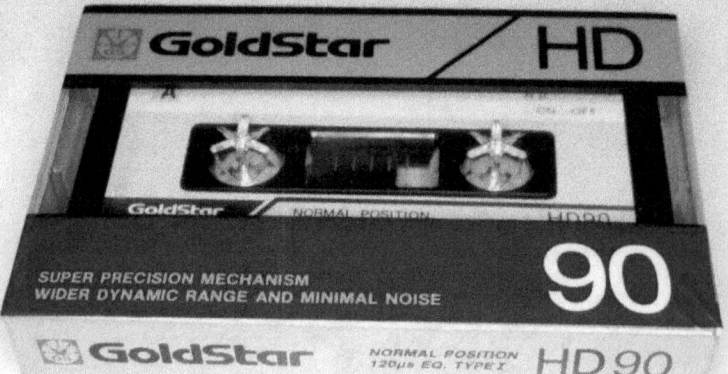

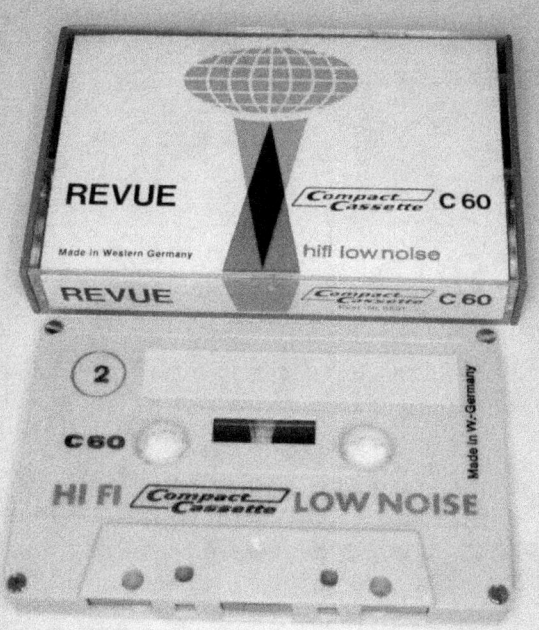

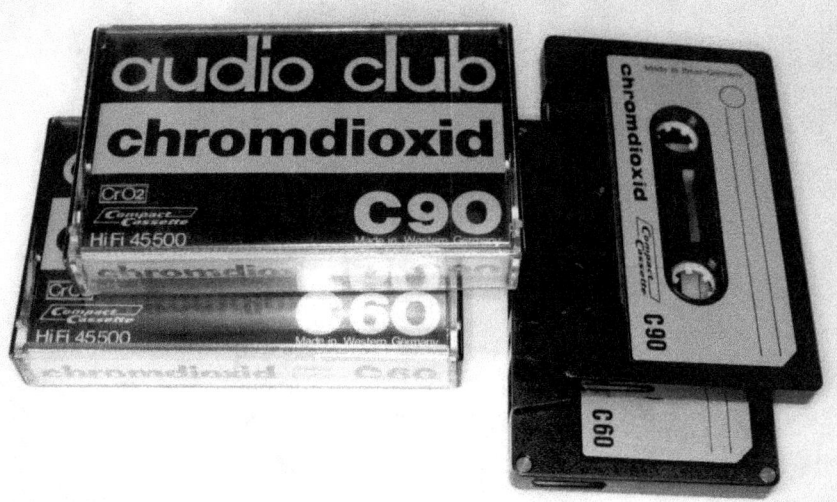

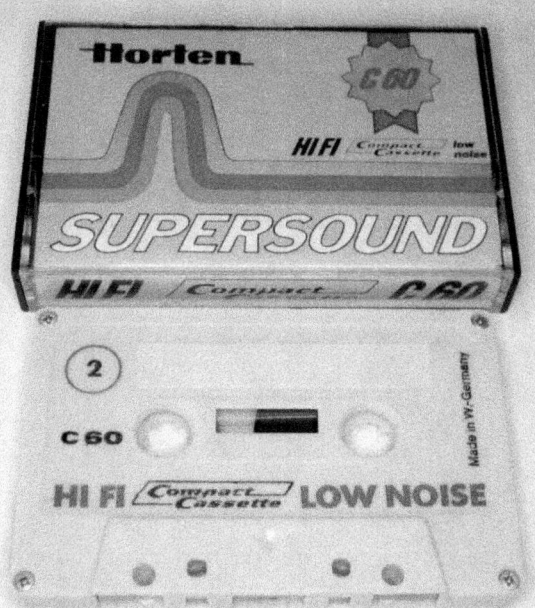

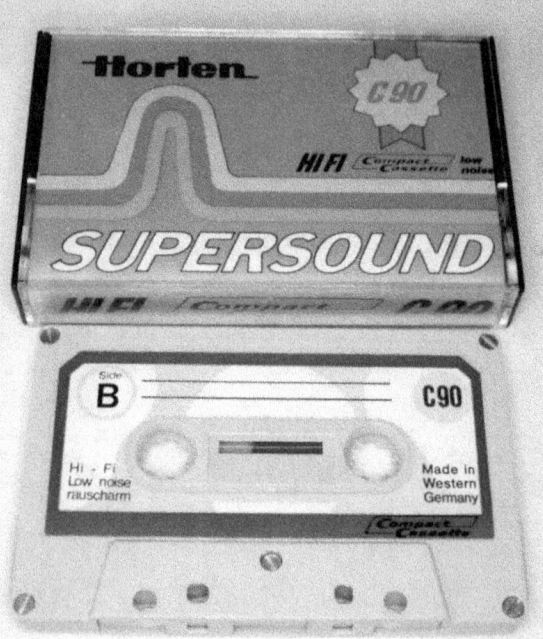

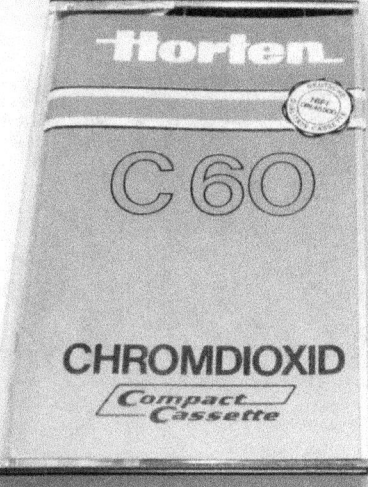

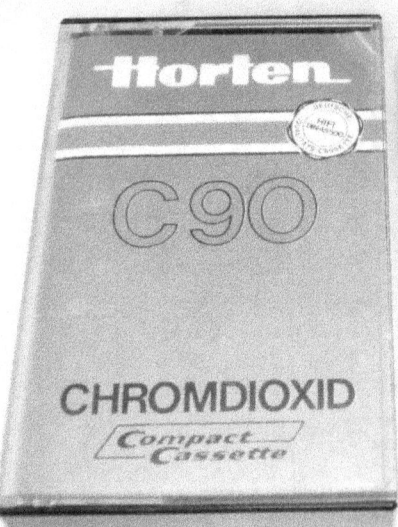

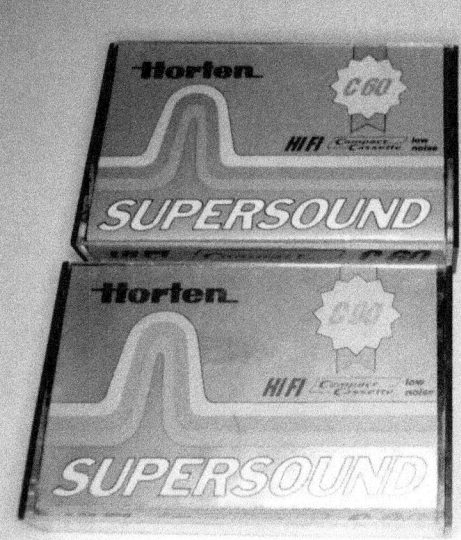

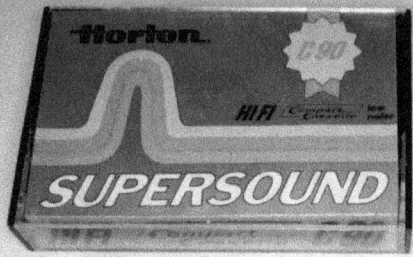

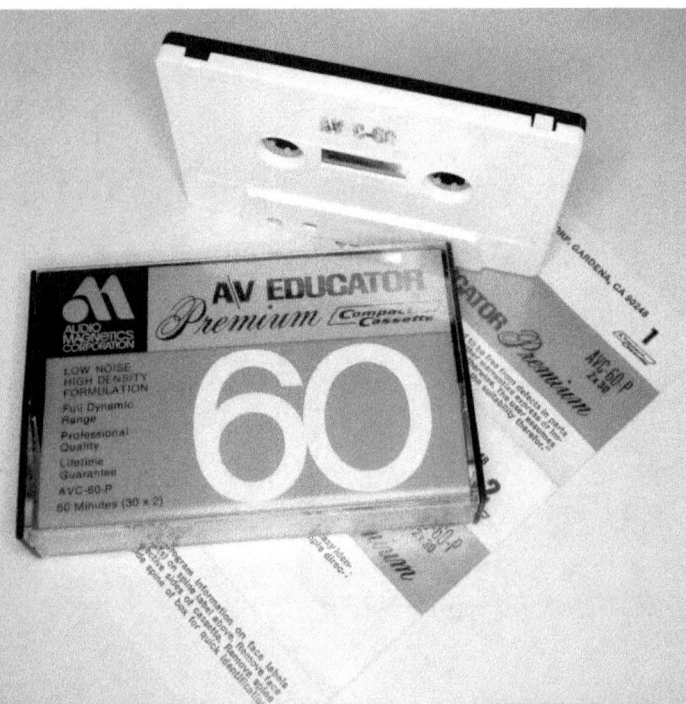

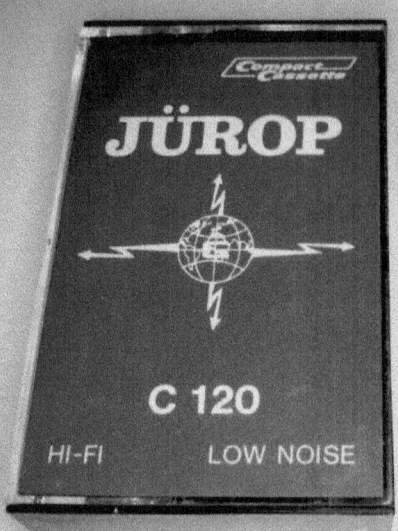

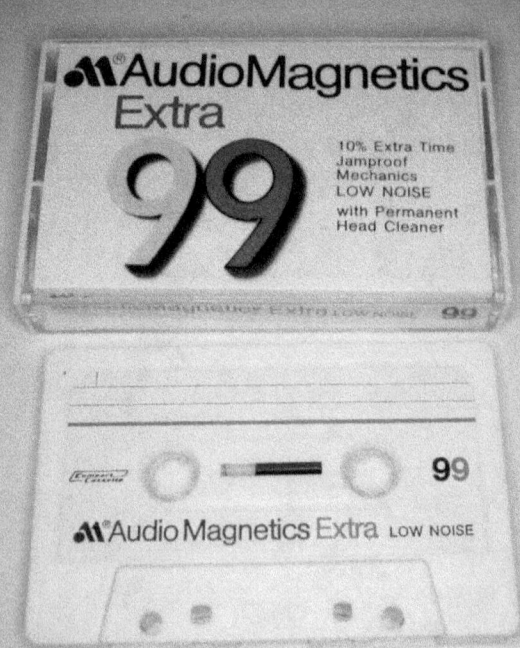

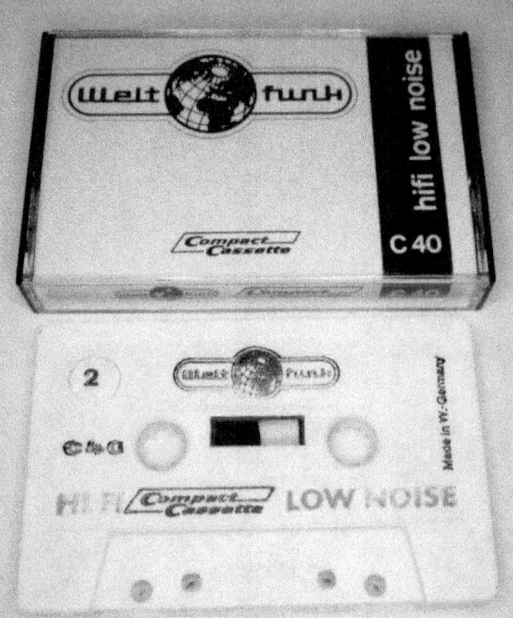
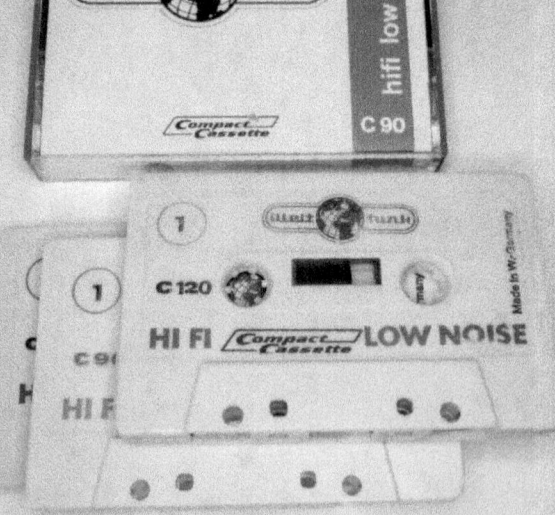

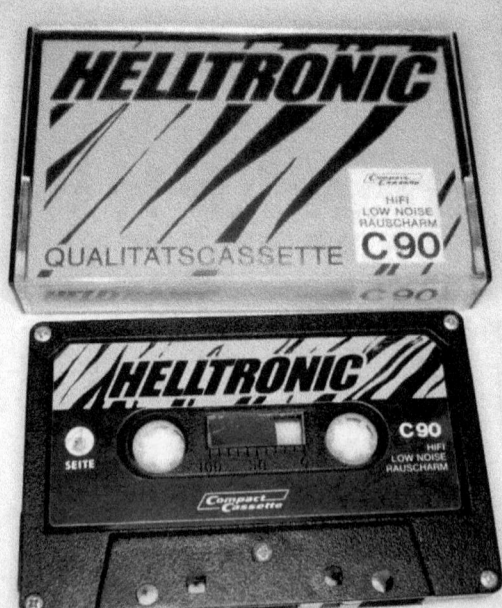

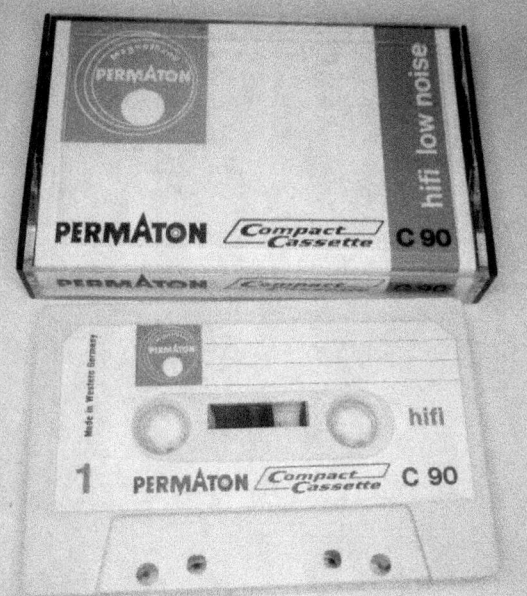

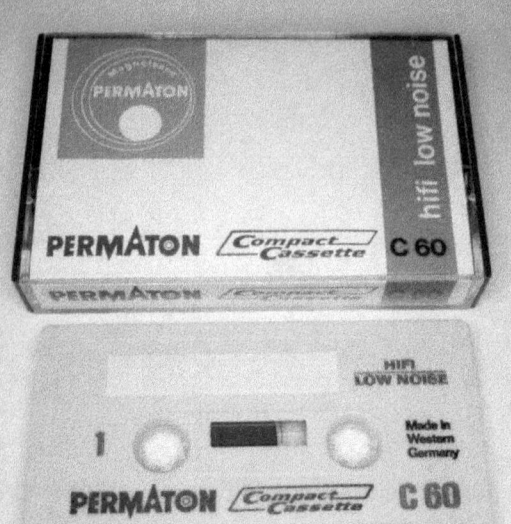

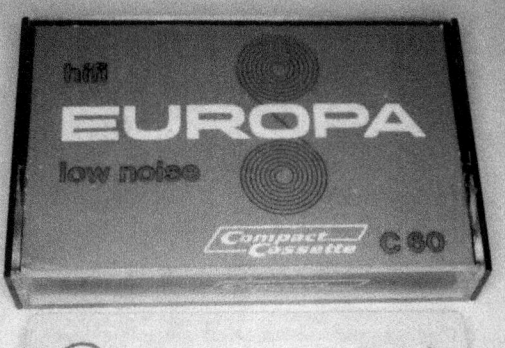

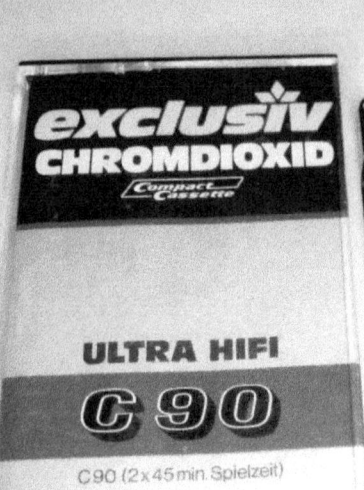

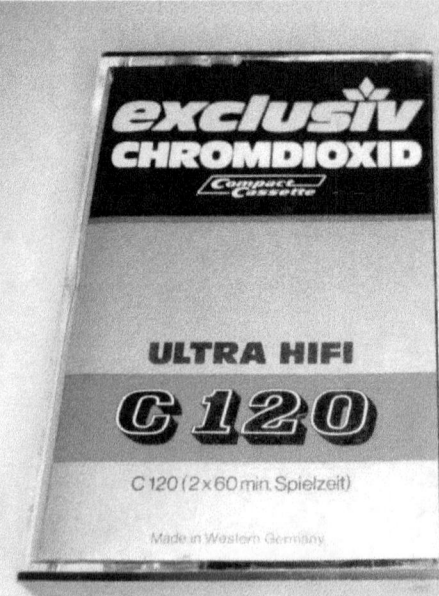

teleropa
DEUTSCHE · QUALITÄTS-CASSETTE
Für HiFi nach DIN 45500
C 90
chromdioxid cassette
ultra hifi

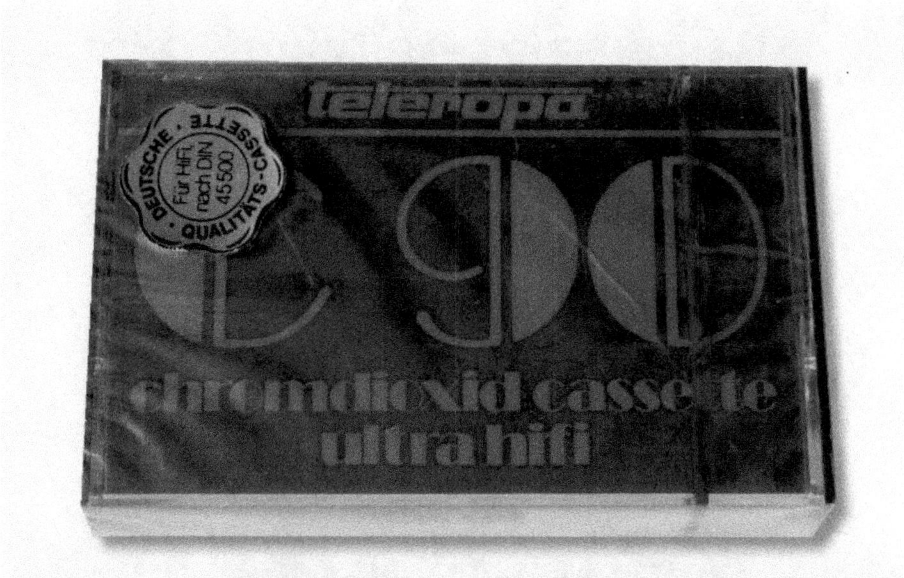

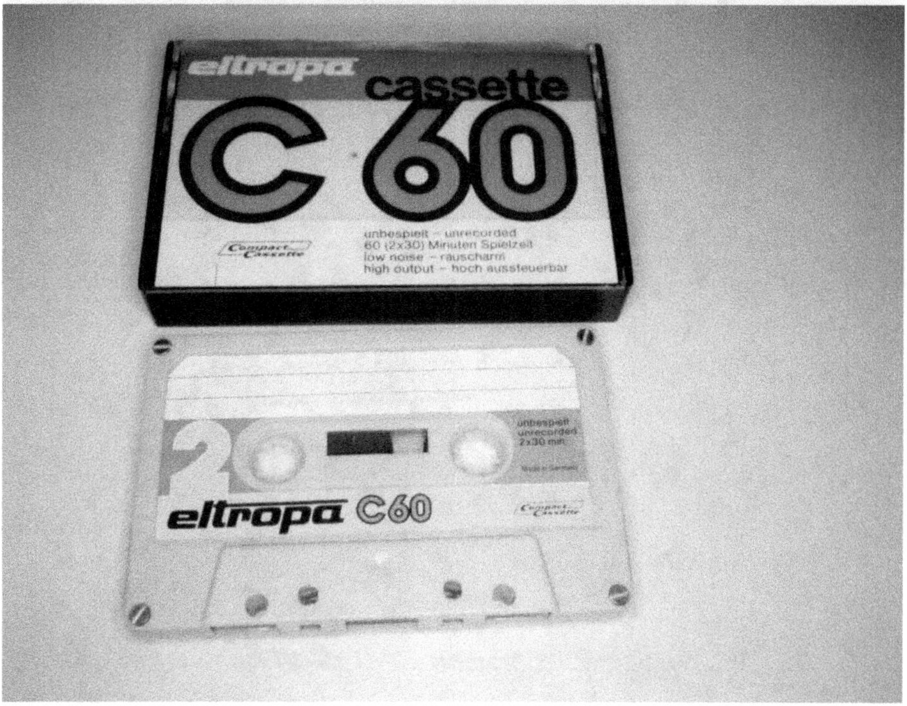
eltropa
cassette
C 60
Compact Cassette
unbespielt - unrecorded
60 (2x30) Minuten Spielzeit
low noise - rauscharm
high output - hoch aussteuerbar
2
unbespielt
unrecorded
2x30 min
eltropa C60
Compact Cassette

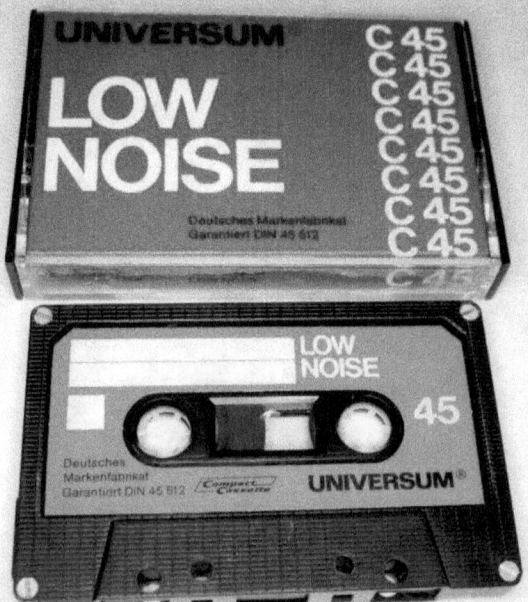

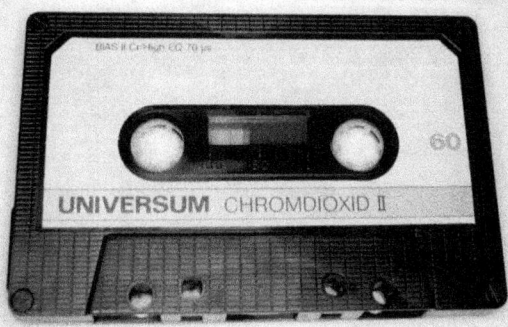

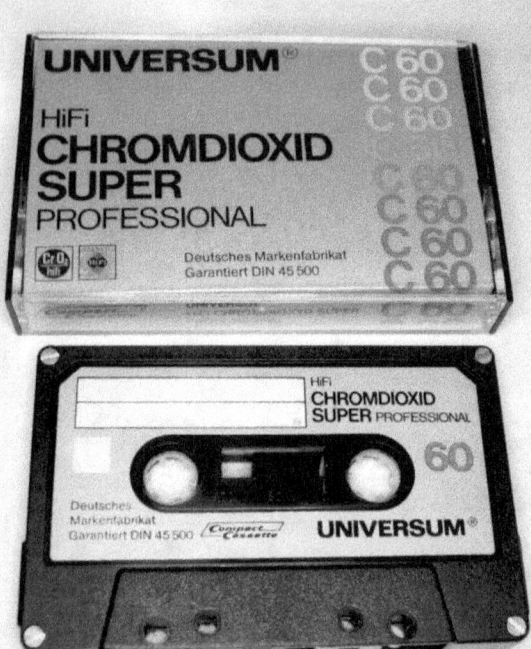

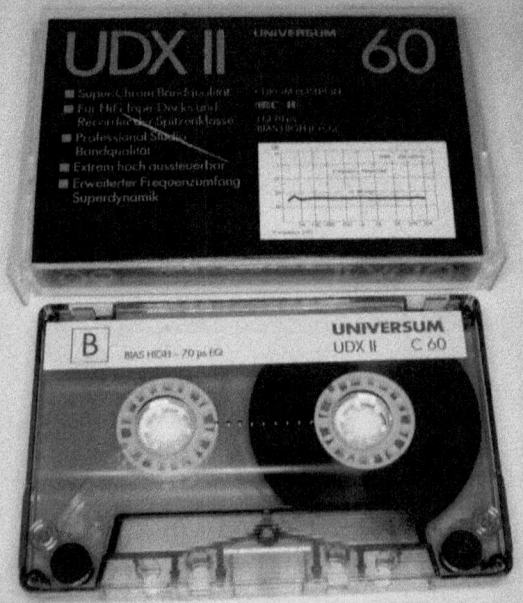

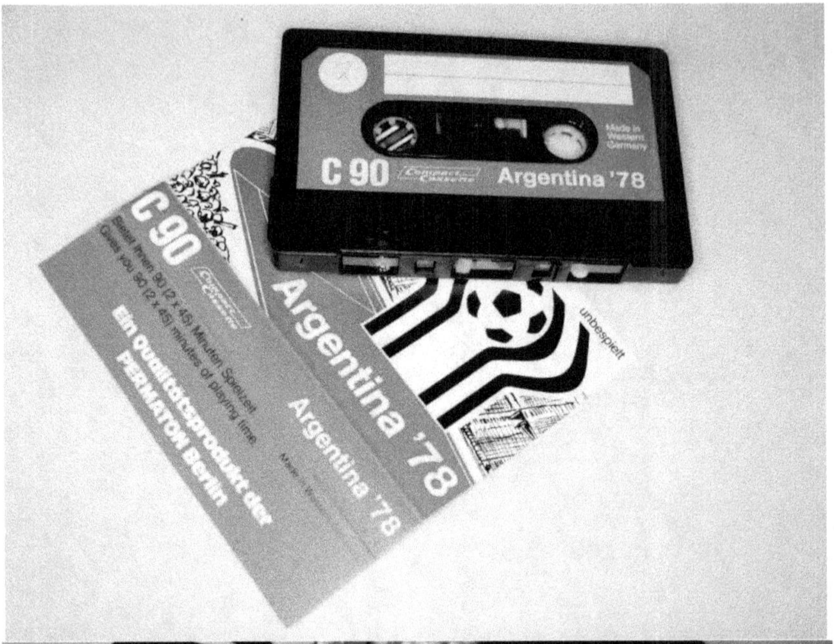
C 90
Compact Cassette
Argentina '78
Made in Western Germany
C 90
Gibt Ihnen 90 (2 x 45) Minuten Spielzeit
Gives you 90 (2 x 45) minutes of playing time
Ein Qualitätsprodukt der
PERMATON Berlin
Argentina '78
Argentina '78
unbespielt

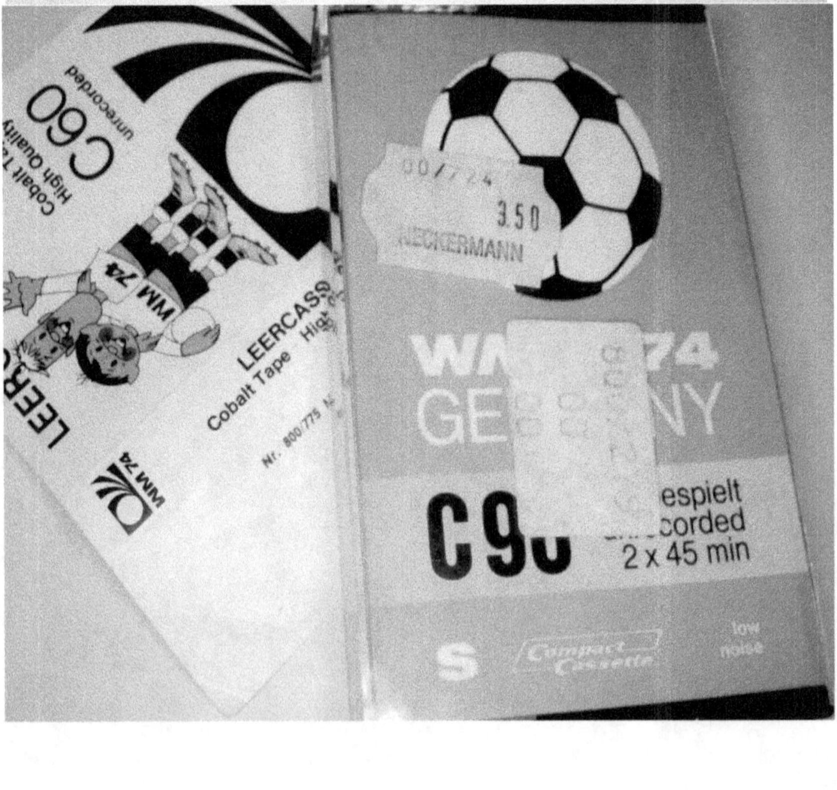
unrecorded
C60
High Quality
WM 74
LEERCASS
Cobalt Tape
3.50
2 x 45 min
Compact Cassette
low noise

Als Abschluss des zweiten Teils möchte ich sagen, die Compact Cassette lebt! Neue Cassetten werden immer noch produziert. Die Preise für Markencassetten, die original verpackt sind, steigen. Bei Gebrauchtware müssen Sie Glück haben, wenn das Bandmaterial einwandfrei ist.

Viel Freude bei diesem Hobby wünscht *Uwe H. Sültz*

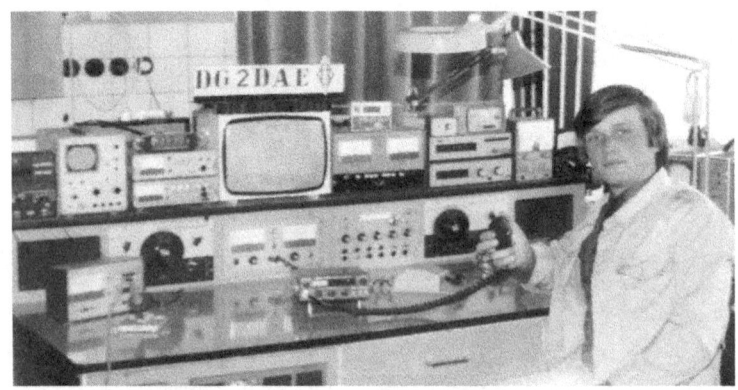

Ausblick auf weitere Teile der COMPACT CASSETTEN REPORT-Serie:

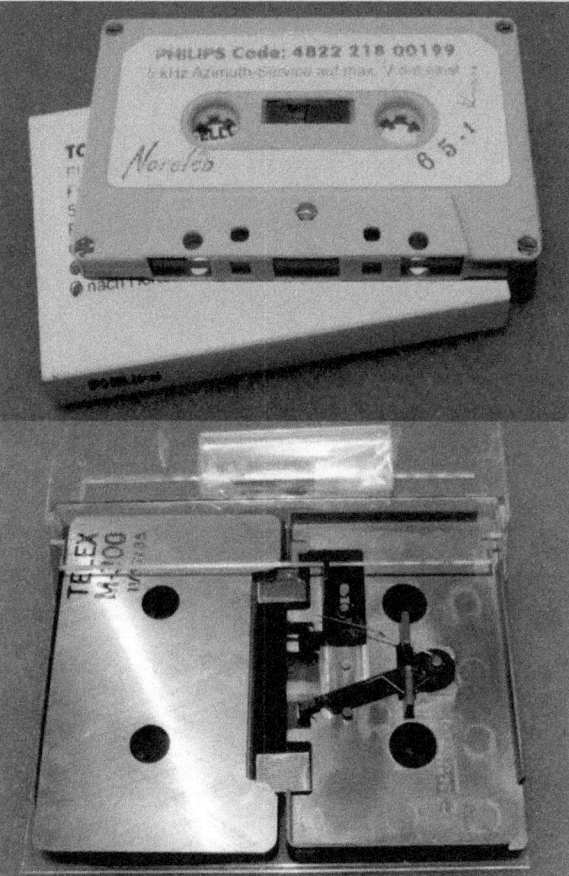

# Compact Cassetten REPORT

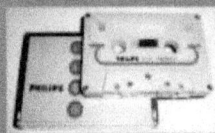

## PHILIPS 1963 - 1999

**Teil 1:**

Sammeln - Tipps - Kaufberatung - Geschichte

*Uwe H. Sültz*
Compact Cassetten Bücher

# Compact Cassetten Recorder
## REPORT

*Uwe H. Sültz*

O Neuaufbau eines PHILIPS EL 3302 O Gedichte
O Service-Cassetten O Erste Cassetten großer Marken

O Geräte mit EL 33XX Chassis O Einlochkassette
O EL 3300 erste & zweite Ausführung O Geschichten

www.ingramcontent.com/pod-product-compliance
Lightning Source LLC
Chambersburg PA
CBHW070258230526
45470CB00002B/638